Engineering Conversi

July, 1999 Edition

for use with

Introduction to Environmental Engineering
Third Edition

Dr. Mackensie L. Davis
Michigan State University

Dr. David A. Cornwell
Environmental Engineering and Technology, Inc.

Prepared by
Environmental Engineering Student Society
A Student Chapter of
Air & Waste Management Association and
Michigan Water Environment Association

Special Thanks to:
Dr. M. L. Davis, Stephen Jan Callister
and EESS members that have contributed to this project throughout the years

Boston Burr Ridge, IL Dubuque, IA Madison, WI New York San Francisco St. Louis
Bangkok Bogotá Caracas Lisbon London Madrid
Mexico City Milan New Delhi Seoul Singapore Sydney Taipei Toronto

McGraw-Hill Higher Education

A Division of The McGraw-Hill Companies

Unit Conversion Booklet for use with
INTRODUCTION TO ENVIRONMENTAL ENGINEERING

Copyright © 1998 by The McGraw-Hill Companies, Inc. All rights reserved.
Printed in the United States of America.
The contents of, or parts thereof, may be reproduced for use with
INTRODUCTION TO ENVIRONMENTAL ENGINEERING
Mackensie L. Davis
David A. Cornwell
provided such reproductions bear copyright notice and may not be reproduced in
any form for any other purpose without permission of the publisher.

3 4 5 6 7 8 9 0 HAM/HAM 0 9 8 7 6 5 4 3 2 1 0

ISBN 0-07-237821-2

http://www.mhhe.com

This conversion book is provided "as is" without warranty of any kind. The user assumes the entire risk as to the results of using the conversion book. EESS does not warrant, guarantee, or make any representations regarding the use of, the correctness or accuracy, reliability correctness, or otherwise; and you rely on the conversion book and results solely at your own risk.

© Copyright 1999 by EESS

Table of Contents

	Page
Abbreviations	1
Atomic Weights and Atomic Masses of Elements	2
Conversion Table	3
acres through bushel	4
bushel through ft of water	5
ft of water through ft^3/min	6
ft^3/min through hp-h	7
hp-h through kg-cal/min	8
kg/m^3 through knots	9
knots through microns	10
microns through lb water	11
lb water/min through rev/min/min	12
rev/min/min through yd^2	13
yd^2 through years	14
Greek Alphabet and Multiples	15
Gas Constant	16
Water Properties	17
Complimentary Error Function	18
Theis Solution	19
Periodic Table of the Elements	20
Functional Groups of Organic Compounds	21
Families of Organic Compounds	22
Calculus Integrals and Log Properties	23
Geometric Formulas-Areas	24
Geometric Formulas-Volumes	25

Abbreviations

Abs	....	absolute	**Kw**	....	kilowatt
Atm	....	Atmosphere	**L**	....	liter
Bhp	....	brake horsepower unit	**lb**	....	pound
Br	....	British	**lbf**	....	pound force
Btu	....	British thermal unit	**m**	....	meter
C	....	Coulomb	**m**	....	millibar
°C	....	degree Celsius	**mi**	....	mile
cm	....	centimeter	**min**	....	minute
d	....	day	**mm**	....	millimeter
deg	....	degree	**mph**	....	miles per hour
°F	....	degree Fahrenheit	**mg/l**	....	milligrams per liter
ft	....	feet	**MGD**	....	million gallons per day
g	....	gram	**N**	....	Newton
gal	....	gallons per minute	**oz**	....	ounce
gf	....	gram force	**Pa**	....	Pascal
gpd	....	gallons per day	**ppb**	....	parts per billion
gpm	....	gallons per minute	**ppm**	....	parts per million
ha	....	hectare	**psf**	....	pounds per square foot
hp	....	horsepower	**psi**	....	pounds per square inch
Hg	....	mercury	**°R**	....	degree Rankine
h.	....	inch	**rev**	....	revolution
J	....	Joule	**rpm**	....	revolutions per minute
K	....	degree Kelvin	**s**	....	second
Kg	....	kilogram	**yd**	....	yard
kg-cal	....	kilogram-calorie	**y**	....	year
km	....	kilometer	**W**	....	watt
kpa	....	kilo-pascal			

Atomic Weights, and Atomic Masses of the Elements

Element	Symbol	Z	Mass	Element	Symbol	Z	Mass
Actinium	Ac	89	227.0278	Mercury	Hg	80	200.59
Aluminum	Al	13	26.98154	Molybdenum	Mo	42	95.94
Americium	Am	95	(243)	Neodymium	Nd	60	144.24
Antimony	Sb	51	121.75	Neptunium	Np	93	237.0482
Arsenic	As	33	74.9216	Nickel	Ni	28	58.70
Astatine	At	85	(210)	Niobium	Nb	41	92.9064
Barium	Ba	56	137.33	Nitrogen	N	71	14.00
Berkelium	Bk	97	(247)	Nobelium	No	102	(259)
Beryllium	Be	4	9.01218	Osmium	Os	71	90.2
Bismuth	Bi	83	208.9804	Oxygen	O	8	15.9994
Boron	B	5	10.81	Palladium	Pd	46	106.4
Bromine	Br	35	79.904	Phosphorous	P	15	30.97376
Cadmium	Cd	48	112.41	Platinum	Pt	78	195.09
Calcium	Ca	20	40.08	Plutonium	Pu	94	(244)
Californium	Ct	98	(251)	Polonium	Po	84	(209)
Carbon	C	6	12.011	Potassium	K	19	39.0983
Cerium	Ce	58	140.12	Praseodymium	Pr	59	140.9077
Cesium	Cs	55	132.9054	Promethium	Pm	61	(145)
Chlorine	Cl	17	35.453	Protactinium	Pa	91	231.0359
Chromium	Cr	24	51.996	Radium	Ra	88	226.0254
Cobalt	Co	27	58.9332	Radon	Rn	86	(222)
Copper	Cu	29	63.546	Rhenium	Re	75	186.207
Curium	Cm	96	(247)	Rhodium	Rh	45	102.9055
Dysprosium	Dy	66	162.50	Rubidium	Rb	37	85.4678
Einsteinium	Es	99	(254)	Ruthenium	Ru	44	101.07
Erbium	Er	68	167.26	Samarium	Sm	62	150.4
Europium	Eu	63	151.96	Scandium	Sc	21	44.9559
Fermium	Fm	100	(257)	Selenium	Se	34	78.96
Fluorine	F	9	18.99840	Silicon	Si	14	28.0855
Francium	Fr	87	(223)	Silver	Ag	47	107.868
Gadolinium	Gd	64	157.25	Sodium	Na	11	22.98977
Gallium	Ga	31	69.72	Strontium	Sr	38	87.62
Germanium	Ge	32	72.59	Sulfur	S	16	32.06
Gold	Au	79	196.9665	Tantalum	Ta	73	180.9479
Hafnium	Hf	72	178.49	Technetium	Tc	43	(97)
Helium	He	2	4.00260	Tellurium	Te	52	127.60
Holmium	Ho	67	164.9304	Terbium	Tb	65	158.9254
Hydrogen	H	1	1.0079	Thallium	Tl	81	204.37
Indium	In	49	114.82	Thorium	Th	90	232.0381
Iodine	I	53	126.9045	Thulium	Tm	69	168.9342
Iridium	Ir	77	192.22	Tin	Sn	50	118.69
Iron	Fe	26	55.847	Titanium	Ti	22	47.90
Krypton	Kr	36	83.80	Tungsten	W	74	183.85
Lanthanum	La	57	138.9055	Uranium	U	92	238.029
Lawrencium	Lr	103	(260)	Vanadium	V	23	50.44
Lead	Lu	71	174.97	Yttrium	Y	39	88.9059
Magnesium	Mg	12	24.305	Zinc	Zn	30	65.38
Manganese	Mn	25	54.9380	Zirconium	Zr	40	91.22
Mendelevium	Md	101	(258)				

Atomic number and atomic weights From Pure Appl Chem. 47,75 (1976).
A value in parenthesis is the mass number of the longest-lived isotope of the element.

Designation	Symbol	Value	Units
Atomic Mass Unit	u	1.660566×10^{-27}	kg
Avogadro's Constant	NA	6.022045×10^{26}	$kmol^{-1}$
Boltzmann's Constant	k	1.380662×10^{-23}	J/K
Bohr Radius		5.2918×10^{-11}	m
Centipoise		10^{-3}	Pa•s
Earth Avg. Density		5.517	g/cm^3
Earth Mass		5.9763×10^{24}	kg
Earth Avg. Radius		6.37×10^6	m
Earth Surface Area		5.10068×10^8	km
Earth-Moon Avg. Distance		3.844×10^8	m
Earth-Sun Avg. Distance		1.496×10^{11}	m
Electron Charge	qe, e-	1.60219×10^{-19}	C
Electron Rest Mass	me	9.1096×10^{-31}	kg
		5.4859×10^{-4}	u
Electron Volt	eV	1.602190×10^{-19}	J
Faraday Constant	F	9.648456×10^7	C/kmol
Gravitational Acceleration	g	9.80665	m/s^2
		32.17	ft/s^2
Joule	J	1	N-m
		1	$kg-s^2$
		9.48×10^{-4}	Btu
		0.2389	cal
		0.73756	ft•lb
Magnetic Field Constant	mo	1.256640×10^{-6}	N/A^2
Neutron rest mass	Mn	1.674954×10^{-27}	kg
Newton	N	1	$kg-m/s^2$
		0.22481	lbf
Pascal	Pa	1	N/m^2
Permeability Constant	mo	1.26×10^{-6}	$N-s^2/c^2$
Permittivity Const.	eo	8.854×10^{-12}	$C^2/N-m^2$
Planck's Constant	h	6.6262×10^{-34}	J-s
Poise	P	1	gm/cm-s
		1	$dyne-s/cm^2$
		0.1	Pa-s
Proton rest mass	mp	1.672649×10^{-27}	kg
Slug		1	$lbf-s^2/ft$
Speed of Light in Vacuum	c	2.997925×10^8	m/s
Speed of Sound in Air (0^0C)	cs	3.313621×10^2	m/s
Standard Atmosphere	atm	1.013250×10^5	Pa
Standard Kilomole Volume	Vo	22.41383	$m^3/kmole$
Stoke	St	1.000×10^{-4}	m^2/s
		1.075×10^{-3}	ft^2/s
		1	$poise-cm^3/g$
Sun Mass		1.991×10^{30}	kg
Sun Avg. Radius		6.9595×10^8	m
Sun's Radiation Intensity at Earth		0.032	cal/cm^2-s
		0.134	J/cm^2-s
Thermochemical Calorie	cal	4.184000	J
Watt	W	1	J/s

Multiply	*By*	*To Obtain*
acres	43,560	ft²
acres	4047	m²
acres	0.4047	ha
acres	1.563x10⁻³	mi²
acres	4840	yd²
acre-ft	43,560	ft³
acre-ft	325,851(U.S.)	gal
acre-ft	1233.49	m³
angstrom	1.00x10⁻¹⁰	m
atm	760	mm Hg (0 °C)
atm	29.92	in. Hg (0 °C)
atm	33.90	ft water (4°C)
atm	10,333	kg force/m²
atm	101.325	kPa
atm	1.0584	short ton/ft²
atm	14.70	lbf/in²
atm	1.01325x10⁵	N/m²
bars	0.9869	atm
bars	1.0000x10⁶	dynes/cm²
bars	1.000x10³	mb
bars	1.020x10⁴	kg/m²
bars	2,089	lb/ft²
bars	14.50	lb/in²
barrels-oil	42	gal-oil (U.S.)
barrels-cement	376	lb-cement
barrels-beer	2.0	kegs (1/2 barrels)
barrels-liquid	31.5	gal
bags-cement	94	lb-cement
Bhp	42.44	Btu/min
Bhp	3.30133x10⁴	ft-lbf/min
Bhp	550	ft-lbf/s
Bhp	1.1014	hp (metric)
Bhp	10.69	kg-cal/min
Bhp	0.7457	kW
board-ft	144 in² x 1 in	in³
Btu	0.2520	kg-cal
Btu	777.7	ft-lbf
Btu	3.929x10⁻⁴	hp-h
Btu	1055	J
Btu	107.5	kg-m
Btu	2.928x10⁻⁴	kW-h
Btu/ft³	37.253	kJ/m³
Btu/lb	2.3259x10⁻³	MJ/kg
Btu/min	12.96	ft-lbf/s
Btu/min	0.02357	hp
Btu/min	17.5978	J/s (W)
Btu/min	17.5978	W
bushel	1.244	ft³
bushel	2150	in³
bushel	0.03524	m³

Multiply	By	To Obtain
bushel	4	pecks
bushel	64	pints (dry)
bushel	32	quarts (dry)
calorie	4.184	J
centipoise	1×10^{-2}	g mass/cm-s
centipoise	6.72×10^{-4}	lb mass/ft-s
centipoise	2.088×10^{-5}	lbf-s/ft^2
centipoise	1.000×10^{-3}	Pa • s
cm^2	1.076×10^{-3}	ft^2
cm^2	0.1550	in^2
cm^2	1.00×10^{-4}	m^2
cm^2	100.0	mm^2
cm^3	3.531×10^{-5}	ft^3
cm^3	6.102×10^{-2}	in^3
cm^3	3.381×10^{-2}	oz.
cm^3	1.000×10^{-6}	m^3
cm^3	1.000×10^{-3}	L
chain (surveyors)	66	ft
chain	0.1	Furlong
chain	100	links
chain	4	Rods
cord-feet	4 ft x 4 ft x 1 ft	ft^3
cords	8 ft x 4 ft x 4 ft	ft^3
days	24	hr.
days	1440	min
days	86400	sec.
degrees (angle)	60	min.
degrees (angle)	0.01745	radians
degrees (angle)	3600	sec.
degrees/s	0.01745	rad/s
degrees/s	0.1667	rpm
degrees/s	2.778×10^{-3}	rev/s
drams (av.)	1.772	grams
drams (av.)	0.0625	ounces
dynes	1.020×10^{-3}	gram-force
dynes	1.0000×10^{-5}	N
dynes	2.248×10^{-6}	lb
ergs	9.485×10^{-11}	Btu
ergs	1.0000	dyne-cm
ergs	7.376×10^{-8}	ft force-lb
ergs	1.020×10^{-3}	g-cm
ergs	1.0000×10^{-7}	J
ergs	2.389×10^{-11}	kg force-cal
ergs	1.020×10^{-8}	kg-m
fathoms (linear)	6	ft
ft	30.48	cm
ft	12	in.
ft	0.3048	m
ft	1.894×10^{-4}	miles (statute)
ft	0.3333	yd
ft of water	2.950×10^{-2}	atm

Multiply	By	To Obtain
ft of water	0.8826	in. Hg
ft of water	304.8	kg force/m²
ft of water	2.98898	kPa
ft of water	62.42	psf
ft of water	0.4335	psi
ft/min	0.5080	cm/s
ft/min	0.01667	ft/s
ft/min	0.01829	km/h
ft/min	0.3048	m/min
ft/min	0.005080	m/s
ft/min	0.01136	mph
ft/s	0.3048	m/s
ft/s	1.097	km/h
ft/s	0.5921	knots
ft/s	18.29	m/min
ft/s	0.6818	mph
ft/s	0.01136	mi/min
ft-lb force	1.286×10^{-3}	Btu
ft-lb f	5.051×10^{-7}	Bhp-h
ft-lb f	3.241×10^{-4}	kg_f-cal
ft-lb f	0.1383	kg_f-m
ft-lb f	3.766×10^{-7}	kW-h
ft-lb f	1.356×10^{7}	ergs
ft-lb f	1.356	J
ft-lb f/min	1.286×10^{-3}	Btu/min
ft-lb f/min	0.01667	ft-lbf/s
ft-lb f/min	3.030×10^{-5}	Bhp
ft-lb f/min	0.0225970	J/s
ft-lb f/min	3.240×10^{-4}	kg_f-cal/min
ft-lb f/min	2.26×10^{-5}	kW
ft-lb f/s	1.818×10^{-3}	Bhp
ft-lbf/s	1.356	J/s
ft-lbf/s	1.944×10^{-2}	kg-cal/min
ft-lbf/s	1.356×10^{-3}	kW
ft²	2.296×10^{-5}	acres
ft²	929.0	cm²
ft²	144.0	in²
ft²	0.09290304	m²
ft²	3.587×10^{-8}	mi²
ft²	0.1111	yd²
ft³	2.832×10^{4}	cm³
ft³	1728	in³
ft³	0.02832	m³
ft³	0.03704	yd³
ft³	7.48052	gal
ft³	28.32	L
ft³ of water (39.2 F)	62.43	lb of water
ft³/min	4.72×10^{-4}	m³/s
ft³/min	0.1247	gal/sec
ft³/min	0.4720	L/s
ft³/min	62.43	lb water/min

Multiply	By	To Obtain
ft^3/min	7.48052	gpm
ft^3/s	0.646317	MGD
ft^3/s	448.831	gpm
ft^3/s	0.02832	m^3/s
furlongs	40	rods
gal (U.S. liquid)	3785.4	cm^3
gal	0.1337	ft^3
gal	231.0	in^3
gal	3.785x10^{-3}	m^3
gal	4.951x10^{-3}	yd^3
gal	3.7854	L
gal	8	pints (liq)
gal	4	quarts (liq)
gal (U.S.)	0.83267	British gal
gal water @ 4^{0}C	8.33585	lb water gal
gpm	2.228x10^{-3}	ft^3/s
gpm	0.06309	L/s
gpm	6.309x10^{-5}	m^3/s
gpm	8.020	ft^3/h
gpm	5.451	m^3/d
gpm	1.440x10^{-3}	MGD
gpm/ft^2	58.68	m^3/d-m^2
gpd	1.54733x10^{-6}	ft^3/s
gpd/ft	1.242x10^{-2}	m^3/d-m
gpd/ft2	4.074x10^{-2}	m^3/d-m^2
grains/U.S. gal	17.119	ppm
grains/U.S. gal	142.86	lb/million gal
grains/Imp. gal	14.254	ppm
g	15.43	grains
g	2.205x10^{-3}	lb
g/cm^3	62.43	lbs/ft^3
g/cm^3	0.03613	lbs/in^3
g/L	58.417	grains/gal
g/L	8.345	lb/1000gal
g/L	0.062427	lb/ft^3
g/L	0.1335	oz/gal
g/L	1000	ppm
g/m3	1.000	mg/L
g/m3	1	ppm
h	3600	sec.
h	4.16667x10^{-2}	day
hectare	2.471	acres
hectare	1.076x10^5	ft^2
hectare	10,000	m^2
hertz	1	1/s
hp(boiler)	3.345x10^4	Btu/h
hp(boiler	9.810	kW
hp-h	2546	Btu
hp-h	1.98x10^6	ft-lbf
hp-h	641.3	kg-cal
hp-h	2.737x10^5	kg force-m

Multiply	By	To Obtain
hp-h	0.7457	kW-h
hp-h	2.684x10^6	J
inches	2.540	cm
in. Hg @ 0^{0}C	0.03342	atm
in Hg	1.133	ft water @ 4 ^{0}C
in Hg	345.316	kg/sq m
in. Hg	3.38639	kPa
in. Hg	33.8639	millibar
in. Hg	70.73	psf
in. Hg	0.4912	psi
in water @ 4^{0}C	0.002458	atm
in water	0.07355	in. Hg
in. water	25.4	kg/m^2
in. water	0.249	kPa
in. water	5.202	psf
in. water	0.03613	psi
in^2	6.452	cm^2
in^2	645.16	mm^2
in^3	16.39	cm^3
in^3	5.787x10^{-4}	ft^3
in^3	1.639x10^{-5}	m^3
in^3	2.143x10^{-5}	yd^3
in^3	4.329x10^{-3}	gal
in^3	1.639x10^{-2}	L
J	9.4845x10^{-4}	Btu
J	0.73756	ft-lbf
J	2.39x10^{-4}	kg-cal
J	2.7778x10^{-7}	kW-h
J	2.7778x10^{-4}	W-h
J	1.000x10^7	erg
J	0.1020	kg force-m
J/s	0.056907	Btu/min
J/s	0.73756	ft-lb/s
J/s	0.001341	hp Br
J/s	0.01434	kg-cal/min
J/s	0.001	kW
J/s	1.000	W
keg (beer)	64	quarts (liq)
kg	2.205	lb
kg	1.102x10^{-3}	tons (short)
kg	0.001	tons (metric)
kg-cal	3.968	Btu
kg-cal	3085.96	ft-lb
kg-cal	1.559x10^{-3}	hp-h
kg-cal	4184	J
kg-cal	1.162x10^{-3}	kW-h
kg-cal/min	51.46	ft-lb force/s
kg-cal/min	0.09351	hp
kg-cal/min	69.73	J/s
kg-cal/min	0.06973	kW

Multiply	By	To Obtain
kg/m^3	0.06243	lb/ft^3
kg/m^3	3.613x10^{-5}	lb/in^3
kg/m^3	1.6856	lb/yd^3
kg/m	0.6720	lb force/ft
kgf/ha	0.892	lb/acre
kgf/ha	4.46x10^{-4}	tons/acre
kgf/m^2	9.678x10^{-5}	atm
kgf/m^2	3.281x10^{-3}	ft. water @ 4^{0}C (39.2^{0}F)
kgf/m^2	2.896x10^{-3}	in. Hg @ 0^{0}C (32^{0}F)
kgf/m^2	0.2048	psf
kgf/m^2	1.422x10^{-3}	psi
kgf/m^2	7.3556x10^{-2}	mm Hg @ 0^{0}C
km	3281	ft
km	0.6214	mi
km	1094	yd
km/h	0.2778	m/s
km/h	54.68	ft/min
km/h	0.9113	ft/s
km/h	0.5399	knots
km/h	16.67	m/min
km/h	0.6214	mph
km/L	2.3520	mi/gal
km^2	247.1	acres
km^2	100.0	hectares
km^2	1.076x10^7	ft^2
km^2	1.000x10^6	m^2
km^2	0.3861	mi^2
km^2	1.196x10^6	yd^2
kPa	9.869x10^{-3}	atm
kPa	0.33456	ft. water @ 4^{0}C
kPa	0.29530	in. Hg @ 0^{0}C
kPa	4.016	in. water
kPa	7.50064	mm Hg
kPa	101.966	mm water
kPa	1.000x10^3	N/m^2
kPa	20.886	psf
kPa	0.145033	psi
kW	56.825	Btu/min
kW	4.425x10^4	ft-lbf/min
kW	737.6	ft-lbf/s
kW	1.341	hp (British)
kW-h	3414	Btu
kW-h	2.655x10^6	ft-lbf
kW-h	1.341	hp-h (Brake)
kW-h	3.6x10^6	J
kW-h	859.1	kg-cal
knots	1.852	km/h

Multiply	By	To Obtain
knots	1.150779	mph
links (surveyor's)	7.92	in.
L	1.00×10^3	cm^3
L	0.035315	ft^3
L	61.024	in^3
L	1.00×10^{-3}	m^3
L	0.2642	gal (US liq)
L	1.057	quarts (liq)
L/min	5.885×10^{-4}	ft^3/s
L/min	1.667×10^{-5}	m^3/s
L/min	4.403×10^{-3}	gal/s
L/min	0.2642	gpm
meters	100	cm
meters	3.281	ft
meters	39.37	in
meters	1.00×10^{-3}	km
meters	1.00×10^3	mm
meters	1.094	yd
meters/min	0.01667	m/s
meters/min	3.281	ft/min
meters/min	0.05468	ft/s
meters/min	0.06	km/h
meters/min	0.03728	mph
meters/s	196.85	ft/min
meters/s	3.281	ft/s
meters/s	3.6	km/h
meters/s	0.06	km/min
meters/s	2.237	mph
meters/s	0.03728	mi/min
m^2	2.471×10^{-4}	acres
m^2	1.000×10^{-4}	hectares
m^2	10.763910	ft^2
m^2	3.861×10^{-7}	mi^2
m^2	1.196	yd^2
m^3	1.000×10^6	cm^3
m^3	35.31	ft^3
m^3	61,023	in^3
m^3	1.308	yd^3
m^3	264.2	gal (U.S.)
m^3	1.0×10^3	L
m^3/d-m	80.52	gpd/ft
m^3/d-m^2	24.545	gpd/ft^2
m^3/d-m^2	0.0170	gpm/ ft^2
m^3/s	2118.6	ft^3/min
m^3/s	35.31	ft^3/s
m^3/s	15852	gpm
m^3/s	264.2	gal/s
m^3/s	6.00×10^4	L/min
m^3/s	22.8245	MGD
microns	1.00×10^{-6}	meters

Multiply	*By*	*To Obtain*
microns	1.0	micrometers
miles	5280	ft
miles	1.609344	km
miles	1760	yd
miles/gal	0.42517	km/L
mph	0.44704	m/s
mph	88	ft/min
mph	1.467	ft/s
mph	1.609	km/h
mph	0.868976	knots
miles/min	2682	cm/s
miles/min	88	ft/s
miles/min	1.609	km/min
miles/min	60	mph
mi^2	640.0	acres
mi^2	259.00	hectares
mi^2	2.788x10^7	ft^2
mi^2	2.590	km^2
mi^2	3.098x10^6	yd^2
millibar	0.100	kPa
millibar	0.029530	in. Hg
millibar	0.75006	mm Hg
mm	0.03937	in.
mm Hg (@ 0^{0}C)	0.001316	atm
mm Hg	0.04461	ft water
mm Hg	13.595	kgf/m^2
mm Hg	0.133322	kPa
mm Hg	2.785	lbf/ft^2
mm Hg	0.01934	lbf/in^2
mm^2	0.01	cm^2
mm^2	1.55x10^{-3}	in^2
mg/L	1	ppm in water
MGD	1.54723	ft^3/s
MGD	4.3813x10^{-2}	m^3/s
min (angle)	2.909x10^{-4}	radians
N/m^2	1.000x10^{-3}	kPa
ounces	16	drams
ounces	437.5	grains
ounces	28.35	grams
ounces	0.0625	lb.
oz/gal	7.489	g/L
ounces (fluid)	1.805	in^3
ounces (fluid)	0.02957	L
ppm	8.35	lb/million gal
pounds	16	ounces
pounds	7000	grains
pounds	5.0x10^{-4}	tons(short)
pounds	453.5924	grams
lb water	0.01602	ft^3
lb water	0.1198	gal

Multiply	By	To Obtain
lb water/min	2.67×10^{-4}	ft^3/s
lb/acre	1.1208	kg/ha
lb/gal	119.827	g/L
lb/ft^3	0.01602	grams/cm^3
lb/ft^3	16.019	kg/m^3
lb/ft^3	5.787×10^{-4}	lb/in^3
lb/ft^3	27.000	lb/yd^3
lb/in^3	27.68	grams/cm^3
lb/in^3	2.768×10^4	kg/m^3
lb/in^3	1728	lb/ft^3
lb/yd^3	0.5932	kg/m^3
lb/ft	1.488	kg/m
lb/in.	178.6	grams/cm
Pa	1.0000	N/m^2
ppb	1	µg/kg, µg/L
ppm	1	mg/kg, mg/L
psf	0.01602	ft water (@ 4^{0}C)
psf	4.882428	kg/m^2
psf	6.945×10^{-3}	psi
lbf/ft^2	47.88	N/m^2
lbf/in^2	6895	N/m^2
psi	0.068046	atm
psi	2.307	ft water (@ 4^{0}C)
psi	2.036	in. Hg (@ 0^{0}C)
psi	51.7149	mm Hg
psi	703.1	kgf/m^2
psi	6.8948	kPa
quarts (US dry)	67.20	in^3
quarts (liq)	57.75	in^3
quarts (liq)	32	ounces (US)
quarts (liq)	2	pints (US)
quarts (US liq)	9.464×10^{-4}	m^3
radians	57.30	degrees
radians	3438	minutes
radians	0.6366	quadrants
rad/s	57.30	degrees/s
rad/s	0.1592	rev/s
rad/s	9.549	rpm
rad/s/s	572.958	rev/min/min
rad/s/s	0.1592	rev/s/s
reams	500	sheets of paper
revolutions	360	degrees
revolutions	6.283	radians
rpm	6.000	degrees/s
rpm	0.1047	rad/s
rpm	0.01667	rev/s
rev/min/min	1.745×10^{-3}	rad/s/s

Multiply	By	To Obtain
rev/min/min	2.778×10^{-4}	rev/s/s
rev/s	360	degrees/s
rev/s	6.283	rad/s
rev/s	60.000	rpm
rev/s/s	6.283	rad/s/s
rev/s/s	3600	rev/min/min
rod	0.25	Chain(survey)
rod	16.25	ft
rod	0.025	Furlongs
rod	25	links(survey)
seconds (time)	1.1574×10^{-5}	day
seconds (time)	2.7778×10^{-4}	hr
seconds (angle)	4.848×10^{-6}	rad
slugs	14.59	kg
slugs/ft^3	515.4	kg/m^3
surveyor's chain	66	ft
temp (°C)+273.15	1	abs temp (K)
temp (°C)+17.48	1.8	temp (°F)
temp (°F)+460	1	abs temp (°R)
temp (°F)-32	0.5555	temp (°C)
tons (long)	1016	kg
tons (long)	2240	lb
tons (long)	1.12000	tons (short)
tons (metric)	1.00×10^3	kg
tons (metric)	2205	lb
tons (short)	2000	lb
tons (short)	907.18486	kg
tons (short)	0.89287	tons (long)
tons (short)	0.90718	tons (metric)
tons/acre	2.2416×10^3	kg/ha
US $/Liter	3.785	US $/gal
US $/gal	0.2642	US $/Liter
W	0.0568	Btu/min
W	44.25	ft-lb/min
W	0.7376	ft-lb/s
W	1.341×10^{-3}	hp
W	1.000	J/s
W	14.34	cal/min
W	1.00×10^{-3}	kW
W-h	3.4144	Btu
W-h	2655.22	ft-lbf
W-h	1.341×10^{-3}	hp-h
W-h	0.859	kg-cal
W-h	367.1	kg-m
yd	91.44	cm
yd	3	ft
yd	36	in.
yd	0.9144	m
yd^2	2.066×10^{-4}	acres
yd^2	9.000	ft^2
yd^2	0.8361	m^2

Multiply	By	To Obtain
yd^2	3.228x10^{-7}	mi^2
yd^3	7.646x10^5	cm^3
yd^3	27	ft^3
yd^3	4.6656x10^4	in^3
years (common)	365	days
years (common)	8760	hr
years (leap)	366	days
years	5.2596x10^5	min
years	12	months
years	52.142857	weeks

Add your own conversion factors below:

Multiply	By	To Obtain

Greek Alphabet

A	α	Alpha		N	ν	Nu	
B	β	Beta		Ξ	ξ	Xi	
Γ	γ	Gamma		O	o	Omicron	
Δ	δ	Delta		Π	π	Pi	
E	ε	Epsa		Σ	σ	Sigma	
H	η	Eilon		P	ρ	Rho	
Z	ζ	Zetta		T	τ	Tau	
Θ	θ	Theta		Y	υ	Upsilon	
I	ι	Iota		Φ	φ	Phi	
K	κ	Kappa		X	χ	Chi	
Λ	λ	Lambda		Ψ	ψ	Psi	
M	μ	Mu		Ω	ω	Omega	

Multiples

Amount	Submultiples	Prefixes	Symbols
1 000 000 000 000 000 000	10^{18}	exa	E
1 000 000 000 000 000	10^{15}	peta	P
1 000 000 000 000	10^{12}	tera	T
1 000 000 000	10^{9}	giga	G
1 000 000	10^{6}	mega	M
1 000	10^{3}	kilo	k
1 00	10^{2}	hecto	h
1 0	10	deka	da
0.1	10^{-1}	deci	d
0.01	10^{-2}	centi	c
0.001	10^{-3}	milli	m
0.000 001	10^{-6}	micro	μ
0.000 000 001	10^{-9}	nano	n
0.000 000 000 001	10^{-12}	pico	p
0.000 000 000 000 001	10^{-15}	femto	f
0.000 000 000 000 000 001	10^{-18}	lto	a

Gas Constant (Universal), R

$$R = \frac{PV}{nT}$$

Volume	Temp.	moles	Atm	psia	mm Hg	in Hg	in H$_2$O
Liters	K	gm	0.08205	1.206	62.4	2.45	33.4
		lb	37.2	547	28,300	1113	15,140
cm^3	K	gm	82.05	1206	62,400	2450	33,400
		lb	37,200	547,000	2.83X10^7	1.11X10^6	1.51X10^7
ft^3	K	gm	0.00290	0.0426	2.20	0.00867	1.18
		lb	1.31	19.31	999	39.3	535

Some commonly used values:

8.3144	kJ/kg mole-K
8.314	kPa-m^3/kg mole-K
8.20562x10^{-2}	m^3-atm/k mole-K
1.716x10^3	ft-lbf/slug-^{0}R
21.9	in Hg-ft^3/lb mole-^{0}R
0.7302	ft^3-atm/lb mole-^{0}R
1.9872	kcal/kg mole-K

Other useful conversions for the gas constant:

1 Atm = 76 cm Hg
1 Atm = 33.90 ft H$_2$O
1 Atm = 1.01325 Pa
Std. Temp. = 273.15°K or 491.67°R
1 cm^3 = 1X10^{-6} m^3
1 ft^3 = 7.48052 gal

Physical Properties of Water at 1 atm

Temperature °C	Density kg/m³	Specific weight kN/m³	Dynamic Visc. mPa•s	Kinematic Visc. μm²/s
0	999.842	9.805	1.787	1.787
3.98	1,000.000	9.807	1.567	1.567
5	999.967	9.807	1.519	1.519
10	999.703	9.804	1.307	1.307
12	999.500	9.802	1.235	1.236
15	999.103	9.798	1.139	1.140
17	998.778	9.795	1.081	1.082
18	998.599	9.793	1.053	1.054
19	998.408	9.791	1.027	1.029
20	998.207	9.789	1.002	1.004
21	997.996	9.787	0.998	1.000
22	997.774	9.785	0.955	0.957
23	997.542	9.783	0.932	0.934
24	997.300	9.781	0.911	0.913
25	997.048	9.778	0.890	0.893
26	996.787	9.775	0.870	0.873
27	996.516	9.773	0.851	0.854
28	996.236	9.770	0.833	0.836
29	995.948	9.767	0.815	0.818
30	995.650	9.764	0.798	0.801
35	994.035	9.749	0.719	0.723
40	992.219	9.731	0.653	0.658
45	990.216	9.711	0.596	0.602
50	988.039	9.690	0.547	0.554
60	983.202	9.642	0.466	0.474
70	977.773	9.589	0.404	0.413
80	971.801	9.530	0.355	0.365
90	965.323	9.467	0.315	0.326
100	958.366	9.399	0.282	0.294

Complimentary Error Function (erfc)

β	erf(β)	erfc(β)	β	erf(β)	erfc(β)
0	0	1.0	1.0	0.842701	0.157299
0.05	0.056372	0.943628	1.1	0.880205	0.119795
0.1	0.112463	0.887537	1.2	0.910314	0.089686
0.15	0.167996	0.832004	1.3	0.934008	0.065992
0.2	0.222703	0.777297	1.4	0.952285	0.047715
0.25	0.276326	0.723674	1.5	0.966105	0.033895
0.3	0.328627	0.671373	1.6	0.976348	0.023652
0.35	0.379382	0.620618	1.7	0.983790	0.016210
0.4	0.428392	0.571608	1.8	0.989091	0.010909
0.45	0.475482	0.524518	1.9	0.992790	0.007210
0.5	0.520500	0.479500	2.0	0.995322	0.004678
0.55	0.563323	0.436677	2.1	0.997021	0.002979
0.6	0.603856	0.396144	2.2	0.998137	0.001863
0.65	0.642029	0.357971	2.3	0.998857	0.001143
0.7	0.677801	0.322199	2.4	0.999311	0.000689
0.75	0.711156	0.288844	2.5	0.999593	0.000407
0.8	0.742101	0.257899	2.6	0.999764	0.000236
0.85	0.770668	0.229332	2.7	0.999866	0.000134
0.9	0.796908	0.203092	2.8	0.999925	0.000075
0.95	0.820891	0.179109	2.9	0.999959	0.000041

$$erf(\beta) = \frac{2}{\sqrt{\mu}} \int_0^\beta e^{-\Im^2} d\Im$$

$$erf(-\beta) = -erf\beta$$

$$erfc(\beta) = 1 - erf(\beta)$$

Theis Solution

TO PREDICT DRAWDOWN IN HYDRAULIC HEAD IN A CONFINED AQUIFER

Exponential Integral:

$$h_0 - h(r,t) = \frac{Q}{4 \pi T} \int_u^\infty \frac{e^{-u}}{u} du$$

Where:

$$u = \frac{r^2 \cdot S}{4 \cdot T \cdot t}$$

By substitution:

$$h_0 - h = \frac{Q}{4 \pi T} \cdot W(u)$$

Where:

$W(u)$ = well function
Q = pumping rate
T = transmissivity
S = storativity
$h_0 - h$ = drawdown
r = radial distance
t = time after start of pumping

Values of W(u) for Various Values of u

u	1.0	2.0	3.0	4.0	5.0	6.0	7.0	8.0	9.0
x1	0.219	0.049	0.013	0.0038	0.0011	0.00036	0.00012	0.000038	0.000012
x10^{-1}	1.82	1.22	0.91	0.70	0.56	0.45	0.37	0.31	0.26
x10^{-2}	4.04	3.35	2.96	2.68	2.47	2.30	2.15	2.03	1.92
x10^{-3}	6.33	5.64	5.23	4.95	4.73	4.54	4.39	4.26	4.14
x10^{-4}	8.63	7.94	7.53	7.25	7.02	6.84	6.69	6.55	6.44
x10^{-5}	10.94	10.24	9.84	9.55	9.33	9.14	8.99	8.86	8.74
x10^{-6}	13.24	12.55	12.14	11.85	11.63	11.45	11.29	11.16	11.04
x10^{-7}	15.54	14.85	14.44	14.15	13.93	13.75	13.60	13.46	13.34
x10^{-8}	17.84	17.15	16.74	16.46	16.23	16.05	15.90	15.76	15.65
x10^{-9}	20.15	19.45	19.05	18.76	18.54	18.35	18.20	18.07	17.95
x10^{-10}	22.45	21.76	21.35	21.06	20.84	20.66	20.50	20.37	20.25
x10^{-11}	24.75	24.06	23.65	23.36	23.14	22.96	22.81	22.67	22.55
x10^{-12}	27.05	26.36	25.96	25.67	25.44	25.26	25.11	24.97	24.86
x10^{-13}	29.36	28.66	28.26	27.97	27.75	27.56	27.41	27.28	27.16
x10^{-14}	31.66	30.97	30.56	30.27	30.05	29.87	29.71	29.58	29.46
x10^{-15}	33.96	33.27	32.86	32.58	32.35	32.17	32.02	31.88	31.76

Periodic Table of the Elements

IA	IIA											IIIA	IVA	VA	VIA	VIIA	0
1 H 1.008																1 H 1.008	2 He 4.003
3 Li 6.941	4 Be 9.012											5 B 10.81	6 C 12.01	7 N 14.01	8 O 16.00	9 F 19.00	10 Ne 20.18
11 Na 22.99	12 Mg 24.31	IIIB	IVB	VB	VIB	VIIB		VIIIB		IB	IIB	13 Al 26.98	14 Si 28.09	15 P 30.97	16 S 32.07	17 Cl 35.45	18 Ar 39.95
19 K 39.09	20 Ca 40.08	21 Sc 44.96	22 Ti 47.87	23 V 50.94	24 Cr 52.00	25 Mn 54.94	26 Fe 55.85	27 Co 58.93	28 Ni 58.69	29 Cu 63.55	30 Zn 65.39	31 Ga 69.72	32 Ge 72.61	33 As 74.92	34 Se 78.96	35 Br 79.90	36 Kr 83.80
37 Rb 85.47	38 Sr 87.62	39 Y 88.91	40 Zr 91.22	41 Nb 92.91	42 Mo 95.94	43 Tc (98)	44 Ru 101.1	45 Rh 102.9	46 Pd 106.4	47 Ag 107.9	48 Cd 112.4	49 In 114.8	50 Sn 118.7	51 Sb 121.8	52 Te 127.6	53 I 126.9	54 Xe 131.3
55 Cs 132.9	56 Ba 137.3	57 La 138.9	72 Hf 178.5	73 Ta 180.9	74 W 183.8	75 Re 186.2	76 Os 190.2	77 Ir 192.2	78 Pt 195.1	79 Au 197.0	80 Hg 200.6	81 Tl 204.4	82 Pb 207.2	83 Bi 209.0	84 Po (209)	85 At (210)	86 Rn (222)
87 Fr (223)	88 Ra (226)	89 Ac (227)	104 Rf (261)	105 Db (262)	106 Sg (263)	107 Bh (262)	108 Hs (265)	109 Mt (266)	110 (269)	111 (272)	112 (277)						

58 Ce 140.1	59 Pr 140.9	60 Nd 144.2	61 Pm (145)	62 Sm 150.4	63 Eu 152.0	64 Gd 157.3	65 Tb 158.9	66 Dy 162.5	67 Ho 164.9	68 Er 167.3	69 Tm 168.9	70 Yb 173.0	71 Lu 175.0
90 Th 232.0	91 Pa 231.0	92 U 238.0	93 Np (237)	94 Pu (244)	95 Am (243)	96 Cm (247)	97 Bk (247)	98 Cf (251)	99 Es (252)	100 Fm (257)	101 Md (258)	102 No (259)	103 Lr (262)

IA   Alkali metals
IIA   Alkaline-earth metals
IIIB-IIB Transition elements
VIA   Chalcogens
VIIA   Halogens
0   Noble gases

Functional Groups of Organic Compounds

Name	Symbol	Formula	Bonding Sites
aldehyde		CHO	1
alkyl	[R]	C_nH_{2n+1}	1
alkoxy	[RO]	$C_nH_{2n+1}O$	1
amine		NH_n	3-n [n=0,1,2]
aryl (benzene ring)	[Ar]	C_6H_5	1
carbinol		COH	3
carbonyl (keto)		CO	2
carboxyl		COOH	1
ester		COO	1
ether		O	2
halogen (halide)	[X]	Cl, Br, I, or F	1
hydroxyl		OH	1
nitrile		CN	1
nitro		NO_2	1

Families of Organic Compounds

Family	Structure	Example
acids		
carboxylic acids	[R]-COOH	acetic acid ((CH_3)COOH)
fatty acids	[Ar]-COOH	benzoic acid (C_6H_5COOH)
alcohols		
aliphatic	[R]-OH	methanol (CH_3OH)
aromatic	[Ar]-[R]-OH	benzyl alcohol ($C_6H_5CH_2OH$)
aldehydes	[R]-CHO	formaldehyde (HCHO)
alkyl halides	[R]-[X]	chloromethane (CH_3Cl)
amides	[R]-CO-NH_n	β-methylbutyramide ($C_4H_9CONH_2$)
amines	[R]$_{3-n}$-NH_n	methylamine (CH_3NH_2)
	[Ar]$_{3-n}$-NH_n	aniline ($C_6H_5NH_2$)
anhydrides	[R]-CO-O-CO-[R']	acetic anhydride ($(CH_3CO)_2O$)
aromatics	C_nH_n	benzene (C_6H_6)
aryl halides	[Ar]-[X]	fluorobenzene (C_6H_5F)
esters	[R]-COO-[R']	methyl acetate (CH_3COOCH_3)
ethers	[R]-O-[R']	diethyl ether ($C_2H_5OC_2H_5$)
	[Ar]-O-[Ar]	diphenyl ether ($C_6H_5OC_6H_5$)
hydrocarbons		
alkanes	C_nH_{2n+2}	octane (C_8H_{18})
alkenes	C_nH_{2n}	ethylene (C_2H_4)
alkynes	C_nH_{2n-2}	acetylene (C_2H_2)
ketones	[R]-[CO]-[R]	acetone (($CH_3)_2CO$)

Useful Calculus Integrals

$$\int a^u \, du = \frac{1}{\ln(a)} \cdot a^u + C$$

$$\int e^u \, du = e^u + C$$

$$\int e^{au} \, du = \frac{e^{au}}{a} + C$$

$$\int \ln(u) \, du = u \cdot \ln(u) - u + C$$

$$\int u^{-1} \, du = \ln u^{-1} + C$$

$$\int u^n \, du = \frac{u^{n+1}}{n+1} + C$$

$$\int \sqrt{a^2 + u^2} \, du = \frac{u}{a} \cdot \sqrt{a^2 - u^2} + \frac{a^2}{2} \sin^{-1}\left(\frac{u}{a}\right) + C$$

$$\int u \, dv = uv - \int v \, du \text{ (integration by parts)}$$

$$\int \sin(u) \, du = -\cos(u) + C$$

$$\int \cos(u) \, du = \sin(u) + C$$

$$\int \tan(u) \, du = \ln|\sec(u)| + C$$

$$\int \cot(u) \, du = \ln|\sin(u)| + C$$

$$\int \sec(u) \, du = \ln|\sec(u) + \tan(u)| + C$$

$$\int \csc(u) \, du = \ln|\csc(u) - \cot(u)| + C$$

$$\int \sin^{-1}(u) \, du = u \cdot \sin^{-1}(u) + \sqrt{1 - u^2} + C$$

$$\int \cos^{-1}(u) \, du = u \cdot \cos^{-1}(u) - \sqrt{1 - u^2} + C$$

$$\int \sinh(u) \, du = \cosh(u) + C$$

$$\int \cosh(u) \, du = \sinh(u) + C$$

$$\int \tanh(u) \, du = \ln(\cosh(u)) + C$$

$$\int \coth(u) \, du = \ln|\sinh(u)| + C$$

$$\int \operatorname{csch}(u) \, du = \ln\left|\tanh\left(\frac{1}{2} \cdot u\right)\right| + C$$

$$\int \operatorname{sech}(u) \, du = \tan^{-1}|\sinh(u)| + C$$

$$\int \operatorname{sech}^2(u) \, du = \tanh(u) + C$$

$$\int \operatorname{csch}^2(u) \, du = -\coth(u) + C$$

$$\int u \cdot \sin(u) \, du = (\sin(u) - u \cdot \cos(u)) + C$$

$$\int u \cdot \cos(u) \, du = (\cos(u) + u \cdot \sin(u)) + C$$

Log Properties

$$Ln(1) = 0$$

$$Ln(e) = 1$$

$$Ln(a \cdot c) = Ln(a) + Ln(c)$$

$$Ln\left(\frac{a}{c}\right) = Ln(a) - Ln(c)$$

$$Ln(a^r) = r Ln(a)$$

$$Ln\left(\frac{1}{c}\right) = -Ln(c)$$

Geometric Formulas-Areas

	Sketch	Area	Centroid	Second Moment
Rectangle		bh	$y_{bar} = h/2$	$I_{bar} = bh^3/12$
Triangle		$bh/2$	$y_{bar} = h/3$	$I_{bar} = bh^3/36$
Circle		$\Pi D^2/4$	$y_{bar} = r$	$I_{bar} = \Pi D^4/64$
Semicircle		$\Pi D^2/8$	$y_{bar} = 4r/3\Pi$	$I_x = \Pi D^4/128$
Ellipse		Πab	$y_{bar} = b$	$I_{bar} = \Pi ab^3/4$
Semiellipse		$\Pi ab/2$	$y_{bar} = 4b/3\Pi$	$I_x = \Pi ab^3/8$

Geometric Formulas-Volumes

	Sketch	Surface Area	Volume	Centroid
Cylinder		$\Pi D h + \Pi D^2/2$	$\Pi D^2 h/4$	$y_{bar} = h/2$
Sphere		ΠD^2	$\Pi D^3/6$	$y_{bar} = r$
Cone		$\Pi[r^2 + r(r^2 + h^2)^{1/2}]$	$\Pi D^2 h/12$	$y_{bar} = h/4$
Hemisphere		$3\Pi D^2/4$	$\Pi D^2/12$	$y_{bar} = 3r/8$